玩丸章鱼烧

[日] 片山千惠　著

罗淑慧　译

光明日报出版社

contents 目录

下饭的主菜级绝品
小菜篇

今晚的下酒菜
下酒菜篇

番外篇
最后收尾

圆球状的
可爱迷你尺寸
面包篇

一口塞进各国美味
世界的
章鱼烧篇

※本书是由2011年出版的《120%使用章鱼烧烤盘的食谱》重新编辑而成的修改版。

适合抓着吃的
简单甜点
甜点篇

专栏

阅读提示

● 本书的食谱分量分别是1小匙＝5ml、
　1大匙＝15ml、
　1杯＝200ml。

● 本书的食谱使用甜菜糖（以甜菜作为原料，
略带茶色的砂糖），但是，也可以用白砂糖、
三温糖、黄糖等代替。

章鱼烧烤盘的使用方法

章鱼烧烤盘在日本大阪几乎可以说是一家一台。
其实不只是章鱼烧，这种烤盘也是可以制作出小菜或甜点等
各种料理的万能调理器具。
了解正确的使用方法，安全且轻松地使用它吧！

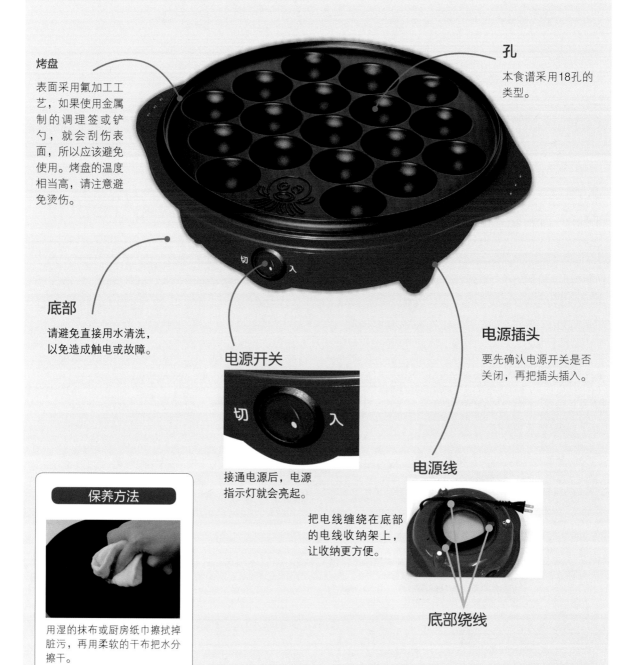

烤盘

表面采用氟加工工艺，如果使用金属制的调理签或铲勺，就会刮伤表面，所以应该避免使用。烤盘的温度相当高，请注意避免烫伤。

孔

本食谱采用18孔的类型。

底部

请避免直接用水清洗，以免造成触电或故障。

电源开关

接通电源后，电源指示灯就会亮起。

电源插头

要先确认电源开关是否关闭，再把插头插入。

电源线

把电线缠绕在底部的电线收纳架上，让收纳更方便。

底部绕线

保养方法

用湿的抹布或厨房纸巾擦拭掉脏污，再用柔软的干布把水分擦干。

传统章鱼烧 道具和食材

首先来学习传统章鱼烧的制作方法吧！
只要有随手可得的道具和食材，任何人都可轻松制作，这就是章鱼烧的魅力。
一次大量制作，大家一起开心玩乐吧！

道具

A 量杯（大）

测量高汤或低筋面粉的分量。如果有500ml的量杯，也可以直接在杯中制作面糊，不需要使用碗。

B 打蛋器（小）

搅拌面糊。如果没有，也可以用筷子代替。

C 油刷

把油涂抹在烤盘上。如果没有，就把厨房纸巾缠绕在折半的卫生筷上面，用橡皮筋加以固定后使用。

D 竹签

将章鱼烧翻面。金属制的调理签会刮伤烤盘，所以请避免使用。

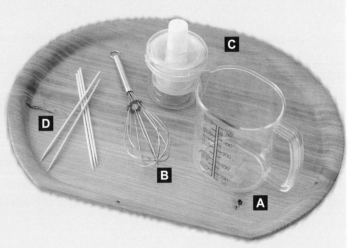

食材

A 章鱼

切成可放进孔的尺寸。

B 圆白菜

切碎。

C 青葱

葱花。

D 炸面衣

直接使用。

E 红姜

切碎。

F 低筋面粉

不用过筛，直接使用。

G 鸡蛋

使用全蛋。

H 酱油

面糊调味用。

传统章鱼烧

大口品尝刚出锅的热腾腾章鱼烧！
外皮酥脆、内馅松软的美味。

材料（18颗的分量）

章鱼	70g
圆白菜	1/3片（20g）
青葱	7g
炸面衣	10g
红姜	4g
鸡蛋	1个
低筋面粉	50g（1/2杯）
高汤	1杯
酱油	1/2小匙
伍斯特酱（章鱼烧用酱料）	适量
蛋黄酱	适量
柴鱼片	适量
海苔	适量

制作方法

制作面糊

使用冷的高汤，避免鸡蛋凝固。

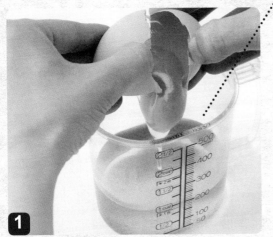

1 把鸡蛋放进高汤里。

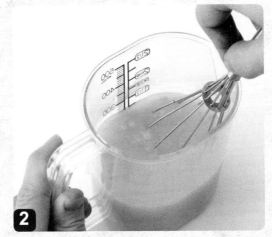

2 用打蛋器搅拌均匀。

面糊只要在冰箱里放置30分钟，就能充分融合。

3 加入酱油、低筋面粉。

4 再次用打蛋器搅拌均匀。

5 面糊静置发酵。

准备食材

6 把章鱼切成18等份。

章鱼以外的食材只要充分混合，就会变得均匀。

将圆白菜、红姜切碎，青葱切成葱花，和炸面衣混合备用。

7

煎烤

面糊会溢出孔外，所以不只是孔，整个烤盘的每个角落都要涂满油。

用油刷在整个烤盘上涂满油。

8

9 开启电源，待烤盘温热后，倒入步骤⑤的面糊。

10 把步骤⑥的章鱼块逐一放进各个孔的中心。

11 把步骤⑦的食材均匀撒遍整体。

12 经过2分钟，食材开始凝固之后，用竹签把面糊推至孔中央。

13 用竹签把周围的面糊切开。

14 将竹签刺入面糊，试着按压看看。

15 当面糊可以顺着孔缘轻松翻滚，就可以进行翻面。

16 一边用竹签把溢出的面糊推入孔中，一边重复翻滚。

17 翻滚几次之后，章鱼烧的外形就会逐渐变圆。持续煎烤至整体呈现焦黄色。

完成！

18 依个人喜好，淋上伍斯特酱（章鱼烧用酱料）、蛋黄酱、柴鱼片、海苔后，就可以上桌。

翻面的时机

章鱼烧翻面的时机，是制作出美味章鱼烧的关键。不要轻意翻面，耐心等待面糊可以轻松翻动的绝佳时机吧！要一点一点地转动章鱼烧，一边用竹签把溢出的面糊推进孔里面，一边煎烤。

NG 即使用竹签按压仍无法转动，只会捣散面糊而已。

OK 只要用竹签按压，面糊就能轻松地随着翻转动作翻滚。

无蛋章鱼烧

用面麸制作出松软的无蛋章鱼烧。
即使是对鸡蛋过敏的人，也能够享受美味。

材料（18颗的分量）

章鱼	70g	低筋面粉	60g
面麸	12g	高汤	250ml
圆白菜	1/3片	酱油	1/2小匙
（20g）		伍斯特酱（章鱼烧用	
青葱	7g	酱料）	适量
炸面衣	10g	柴鱼片	适量
红姜	4g	海苔	适量

制作方法

❶ 把面麸掐碎。（A）

❷ 将高汤、酱油混合备用。

❸ 把步骤①的面麸和低筋面粉放进步骤②
的酱料中，混合之后静置发酵。

❹ 进行P.8～P.9（传统章鱼烧）中的步骤
⑥～⑰。

❺ 依个人喜好，淋上伍斯特酱（章鱼烧用
酱料）、柴鱼片、海苔。

❋小贴士

加入面麸之后，就可以制作出松软口感。面麸
含有优质蛋白质，适合发育中的孩子食用。

A 把面麸掐成细小碎块。

高汤制作方法

高汤可以左右章鱼烧的味道。如果有时间，
就试着利用海带和柴鱼片熬煮高汤吧！
当然，即使使用市售的鲣鱼粉或高汤粉，仍可烹煮出美味。

基本的高汤

材料（18颗的分量）

海带 ···································· 3cm
柴鱼片 ·································· 4g
水 ······································· 1杯

1 将海带和水放进锅里，放置30分钟以上。

2 开火烹煮步骤①的水，在沸腾之前，取出海带，并放进柴鱼片。

3 煮沸后，关火，用滤网过滤掉柴鱼片，放凉。

简单高汤

材料（18颗的分量）

鲣鱼粉 ······················· 1/2小匙
热水 ······························ 1杯

1 把鲣鱼粉放进容器里，加入热水。

2 用筷子充分搅拌后，放凉。

章鱼块最佳替身！

配料

试着放进鱼贝或肉、蔬菜等配料来代替章鱼吧！
只要切成小块备用，按照传统章鱼烧的制作方法，
就可以制作出美味的创意章鱼烧。

鲜虾

年糕

魔芋

花蛤

香肠

炸鸡

鹌鹑蛋

卡芒贝尔干酪

油豆腐

没有局限！
享受个人喜爱
的食材吧！

杏鲍菇

梅肉

泡菜

小番茄

土豆（水煮）

牛蒡天妇罗

莲藕（水煮）

竹笋（水煮）

红薯（水煮）

白果

玉米笋

A 芝麻蘸酱

材料
纯芝麻酱（白）…1大匙 / 酱油…1/2小匙 / 味噌…1/2大匙 / 水…2大匙

制作方法
混合所有材料。

B 和风酱油蘸酱

材料
胡萝卜…1/5根（40g） / 味醂…1大匙 / 酱油…1大匙 / 水…100ml / 太白粉水…少许

制作方法
把磨成泥的胡萝卜、味醂、酱油、水，放进锅里烹煮，沸腾之后，用小火熬煮2分钟。最后用太白粉水勾芡。

C 梅紫苏蘸酱

材料
梅干…15g（1颗） / 青紫苏…2片 / 水…1大匙

制作方法
把去除种子剁成细末的梅干，和切碎的青紫苏、水混合。

D 萝卜泥柚子醋

材料
萝卜…1/8根（100g） / 香母酢…1大匙 / 酱油…1大匙

制作方法
将萝卜磨成泥，并与剩余的材料混合。

E 高汤酱油

材料
海带…3cm / 柴鱼片…5g / 盐…1/4小匙 / 酱油…1/2小匙 / 水…1杯

制作方法
把海带和水放进锅里，放置30分钟后，开火烹煮。在沸腾之前，取出海带。加入柴鱼片，煮沸之后，关火，用盐、酱油调味后，用滤网过滤掉柴鱼片。

章鱼烧最佳良伴！

蘸酱&酱料

伍斯特酱（章鱼烧用酱料）、蛋黄酱、
柴鱼片和海苔……除了这些章鱼烧专用的顶饰之外，
只要淋上独创的蘸酱或酱料，
肯定能够邂逅全新的美味
（全部的蘸酱和酱料都是18颗章鱼烧的制作分量）。

F 芥末粒酱

材料
芥末粒…2小匙 / 西红柿泥…2大匙 /
辣酱油…1小匙 / 酱油…1小匙

制作方法
混合所有材料。

G 豆腐蛋黄酱

材料
嫩豆腐…150g / 梅干…3g / 盐…
1/4小匙 / 醋…2小匙 / 白味噌…1
小匙

制作方法
梅干去除种子，把所有材料放进搅
拌器搅拌均匀。

H 东南亚酱料

材料
蒜头…1/3瓣 / 辣椒…1/2根 / 蜂蜜…
2小匙 / 柠檬汁…2小匙 / 盐…1/3小
匙 / 酱油…1小匙 / 水…2大匙

制作方法
将蒜头磨成泥，辣椒去除种子切
碎，与剩余的材料混合。

I 葱盐蘸酱

材料
长葱…1/3根（40g）/ 盐…1/4小匙
/ 粗粒黑胡椒…少许 / 热水…2大匙
/ 芝麻油…1小匙 / 酱油…1小匙 /
水…2大匙

制作方法
将长葱切碎，与剩余的材料混合。

J 西红柿酱

材料
洋葱…1/4个（中，50g）/ 蒜头…
1/3瓣 / 西红柿泥…2大匙 / 盐…1/4
小匙 / 胡椒…少许 / 水…1/2杯 / 橄
榄油…1小匙

制作方法
将洋葱、蒜头切碎。把橄榄油、蒜
头放进锅里加热，产生香气之后，
加入洋葱、盐拌炒。洋葱变透明
后，加入西红柿泥、胡椒、水，用
小火熬煮3分钟。

传统章鱼烧的创意食谱

为您介绍，可以使用P.6传统章鱼烧制作的食谱。
让吃剩的章鱼烧化身主菜！
一道豆浆白酱的健康焗烤。

焗烤章鱼烧

利用不添加黄油的特
制白酱与原味豆浆，
轻松制作出低热量的
健康白酱。
融化的干酪和章鱼烧
最对味！

材料（2人份）

传统章鱼烧············12颗
西兰花········1/3株（60g）
豆浆·····················1杯
上新粉················1大匙
盐 ·····················1/5小匙
白味噌··············1/2大匙
融化的干酪·············30g

制作方法

❶ 把豆浆、上新粉、盐、白味噌放
进锅里，搅拌之后开火烹煮，汤
汁变得浓稠之后，烹煮1分钟。

❷ 将西兰花分切成小朵，烹煮至
清脆程度。

❸ 把章鱼烧、步骤②的西兰花排
放在焗烤盘里，淋上步骤①的
酱汁，把干酪铺在上方。

❹ 用230℃的烤箱烤10分钟。

下饭的主菜级绝品！

小菜篇

烧烤、油炸、蒸煮料理，全都可以用一个章鱼烧烤盘简单制作！
为您介绍有趣且惊奇的创意料理。

咖哩乌冬

只要烤出焦色，美味就能倍增！
黏糯的口感和麻辣的香辛料，令人上瘾。

材料（18颗的分量）

乌冬面（水煮）……200g

胡萝卜……1/5根（40g）

青葱…………………20g

炸面衣………………10g

低筋面粉……………30g

咖哩粉…………1/3小匙

盐………………1/3小匙

水……………………60ml

备忘录

咖哩粉是万能的调味料，只要加上一点，就能制作出更具层次的味道。如果孩子不喜欢咖哩粉的辛辣口感，建议使用孜然粉。就可以制作出没有辛辣口感的咖哩风味。

制作方法

❶ 隔着外袋，把乌冬切成2cm方块状。（A）

❷ 将胡萝卜切成2cm长的细丝，青葱切成葱花。

❸ 把所有材料放进碗里，搅拌均匀。

❹ 把步骤❸的食材放进抹了油（分量外）的章鱼烧烤盘，完成煎烤。（B）

✳小贴士

刚开始煎烤的时候，步骤❸的食材虽然有点松散，但是，烤熟之后，就能够煎烤出完美的圆形。千万不要因为担心而添加过多的低筋面粉。

A 隔着外袋，朝纵横方向切断乌冬面。这样乌冬面就不会粘黏在菜刀上面，就会更容易切。

B 使用耐热性较佳的铲勺等工具，把步骤❸的食材逐一放进每个孔里。

19

鲜虾烧麦

爽口弹牙的口感令人欲罢不能！
适合趁热享用，不需要蒸笼的轻松料理。

材料（18颗的分量）

鲜虾	200g
木绵豆腐	100g
胡萝卜	1/6根（30g）
长葱	1/3根（40g）
姜	3g
盐	1/4小匙
芝麻油	1/2小匙
烧麦皮	18片

备忘录

烧麦皮比饺子皮更薄，可以直接品尝到配料的美味。多余的皮可以用保鲜膜包起来冷冻保存、直接干炸，当成色拉的顶饰，或是放进汤里制作成面疙瘩。

制作方法

①把胡萝卜、长葱、姜放进食物调理机搅拌。

②把去掉外壳和肠泥的鲜虾、沥干水分的豆腐、盐、芝麻油放进步骤①的食材里，再用食物调理机搅拌。
※如果没有食物调理机，就先用菜刀把食材剁碎，然后放进碗里，和木绵豆腐加以混合。

③把烧麦皮逐一放进抹了油（分量外）的章鱼烧烤盘，并且把步骤②的内馅填塞在其中。（A）

④把铝箔当成盖子，覆盖在上方之后，打开电源，蒸煎4分钟。（B）

＊小贴士

去壳的鲜虾只要抹上大白粉和盐，再用水冲洗干净，就可以去除腥味。轻松做出烧麦着实令人开心！

A 注意不要让烧麦皮黏在一起，将步骤②的内馅仔细地塞进去。

B 盖上铝箔，如果有和章鱼烧烤盘相同大小的盖子，也可以直接拿来使用。

材料（18颗的分量）

个人喜爱的家常菜
.... 适量
低筋面粉....... 50g

木绵豆腐....... 70g
面包粉...........13g

制作方法

❶ 把木绵豆腐、低筋面粉、面包粉放进
食物调理机搅拌。
※如果没有食物调理机，就把木绵豆
腐、低筋面粉、面包粉放进碗里充分
搅拌。

❷ 把步骤①的面团分成18等份，用擀
面棍擀平（A），把家常菜放在中央
包起来。（B）

❸ 用抹了油（分量外）的章鱼烧烤盘烤
出一颗颗迷你馅饼。

❋小贴士

炖煮羊栖菜等菜类，要充分沥干水分。炒牛
蒡等较长的食材，则要进一步切碎。

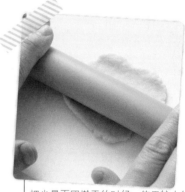

A 把少量面团擀平的时候，使用较小的擀面
棍会比较方便。也可以用十元店等可以买
到的黏土用擀面棍。

B 铺上家常菜的面皮，只要把圆周上的4个点
捏在一起，就可以塑形成圆形。

迷你馅饼

用剩余的菜肴制作出一口大小的创意料理。
把家常菜包裹在以豆腐为基底的健康面糊里。
制作出香脆口感。

芋头日式可乐饼

柴鱼的香气在嘴里扩散！
有着松软、柔嫩、温和口感的小菜。

A 把步骤④搓成圆形的芋头，放在盘子里滚动，让表面布满柴鱼片。

材料（18颗的分量）

芋头⋯⋯4颗（中，200g）

洋葱⋯1/2颗（中，100g）

香菇⋯⋯⋯⋯4朵（80g）

豆渣⋯⋯⋯⋯⋯⋯100g

酱油⋯⋯⋯⋯⋯2小匙

水⋯⋯⋯⋯⋯⋯100ml

油⋯⋯⋯⋯⋯⋯1小匙

柴鱼片⋯⋯⋯⋯⋯5g

制作方法

① 将芋头去皮，切成3mm宽的银杏切。

② 将洋葱、香菇切碎。

③ 把油倒进锅里，将步骤②的食材炒软，加入步骤①的芋头和水，盖上锅盖，用小火烹煮6分钟。芋头变软之后，加入酱油、豆渣，关火。

④ 把步骤③的芋头压碎，搅拌均匀。

⑤ 把步骤④的食材分成18等份，撒上柴鱼片（A），用章鱼烧烤盘一边滚动煎烤。

★小贴士

加上豆渣，可抑制芋头的黏性，使口感变得更好。

牛油果鸡蛋卷

用松软的鸡蛋包裹浓醇的牛油果。
不管多少都吃得下，简单且百吃不腻的美味。

材料（18颗的分量）

牛油果⋯⋯⋯⋯⋯⋯⋯⋯⋯⋯ 1个
鸡蛋⋯⋯⋯⋯⋯⋯⋯⋯⋯⋯⋯ 2个
盐 ⋯⋯⋯⋯⋯⋯⋯⋯⋯⋯ 1/4小匙
胡椒⋯⋯⋯⋯⋯⋯⋯⋯⋯⋯⋯少许
橄榄油⋯⋯⋯⋯⋯⋯⋯⋯⋯⋯ 1大匙

制作方法

❶ 将牛油果切成1cm丁块状。

❷ 把步骤①的牛油果、盐、橄榄油
　 放进碗里搅拌。

❸ 把步骤②的食材放进章鱼烧烤
　 盘，煎烤30秒。

❹ 把鸡蛋放进步骤②使用的碗里打
　 散，放进一撮盐（分量外）、胡
　 椒搅拌。

❺ 把步骤④的蛋液倒进步骤③的烤
　 盘，表面凝固之后，翻面。

❉小贴士

重复使用1个碗，就可以减少清洗的
工具。

一口油炸豆腐

一放进嘴里就马上化开，适合日式餐桌的一道料理。
搭配大量的萝卜泥，大快朵颐吧！

材料（18颗的分量）

胡萝卜	1/5根（40g）
香菇	2朵（40g）
木绵豆腐	300g
姜	3g
面包粉	20g
太白粉	2大匙
盐	1/4小匙
萝卜	1/8根（100g）
青紫苏	4片
酱油	适量

制作方法

① 将胡萝卜、香菇切碎。

② 把步骤①的食材、木绵豆腐、姜泥、面包粉、太白粉、盐，放进碗里搅拌均匀。

③ 把步骤②的食材放进抹了油（分量外）章鱼烧烤盘。

④ 表面煎出焦色后，翻面。

⑤ 装盘，铺上萝卜泥、切丝的青紫苏之后，淋上酱油。

> **＊小贴士**
>
> 只要在面皮上面加上切碎的鸭儿芹或青紫苏，或是咖哩粉，就可以变化成各种不同的味道。即使面皮没有搓圆，也会在煎烤的过程中逐渐变成圆形。

炸鱼排

味道鲜明，也很适合做便当的配菜。
非常适合下饭，让人无法自拔的小菜。

材料（18颗的分量）

竹荚鱼鱼片	200g
圆白菜	2片（100g）
洋葱	1/4个（中，50g）
太白粉	2大匙
辣酱油	2大匙
胡椒	少许

备忘录

也可以用沙丁鱼或小鱼来代替竹荚鱼。重点是一口大小的尺寸。即使不爱吃鱼的人，仍然可以享受美味。也可以用咖喱粉或味噌来代替酱料，尽情享受各种不同的味道。

制作方法

① 把竹荚鱼放进食物调理机，搅拌成略粗的碎末。

② 把撕成一口大小的圆白菜、切成碎末的洋葱，放进步骤①的食物调理机里，搅拌成略粗的碎末。（A）

③ 把太白粉、辣酱油、胡椒放进步骤②的食物调理机里，稍微搅拌。

④ 把步骤③的食材放进抹了油（分量外）的章鱼烧烤盘，煎烤至整体呈现焦色为止。（B）

＊小贴士

辣酱油中含有香辛料，可以中和竹荚鱼的腥味。

A 如果切得太碎，食材就会变得水水的，所以要维持略粗碎粒，以保留蔬菜的口感。

B 使用耐热性较佳的铲勺等工具，把步骤③的食材逐一放进每个孔里。

莲藕汉堡

含有大量根茎蔬菜、食物纤维的迷你汉堡！
可以享受莲藕的清脆口感。

材料（18颗的分量）

莲藕	1节（180g）
牛蒡	1/4根（50g）
胡萝卜	1/6根（30g）
面包粉	20g
海苔	1小匙
盐	1小撮
胡椒	少许
芥茉粒酱（参考P.15）	适量

制作方法

① 将莲藕磨成泥。

② 将牛蒡、胡萝卜切碎。

③ 把步骤①和②的食材、面包粉、海苔、盐、胡椒，放进碗里搅拌。

④ 把步骤③的食材放进抹了油（分量外）的章鱼烧烤盘，盖上铝箔做的盖子，蒸煎3分钟。

⑤ 表面呈现焦色之后，翻面。

⑥ 搭配芥末粒酱一起上桌。

小贴士

面糊过于松散，所以往往会令人担心，"外皮可以变硬吗？"，其实经过加热之后，莲藕的淀粉就会凝固，烤出完美的香酥丸子。

蔬菜煎饼

玉米的甜味和口感是亮点！
章鱼烧烤盘也能够重现韩国家庭料理的美味。

＊小贴士

也可以利用洋葱、萝卜、豆芽菜、小松菜
等个人喜欢的蔬菜，变化出不同的美味。

材料（18颗的分量）

胡萝卜⋯⋯1/3根（60g）
韭菜⋯⋯⋯⋯⋯⋯⋯ 20g
玉米⋯⋯⋯⋯⋯⋯⋯ 30g
低筋面粉⋯⋯⋯⋯⋯ 30g
盐⋯⋯⋯⋯⋯⋯⋯⋯2小撮
水⋯⋯⋯⋯⋯⋯⋯⋯60ml
醋酱油⋯⋯⋯⋯⋯⋯⋯适量

制作方法

① 将胡萝卜切成2cm的细丝，韭菜切成2cm长。

② 把步骤①的食材、玉米、低筋面粉、盐、水，放进碗里搅拌。

③ 把步骤②的食材放进抹了油（分量外）的章鱼烧烤盘，底部煎烤完成后，翻面。

④ 用卫生筷或耐热性较佳的汤匙等工具按压（A），煎烤完成后，搭配醋酱油一起品尝。

A 使用卫生筷的时候，不要把筷子拆开，直接使用就能够代替铲勺。

迷你蛋包饭

圆滚滚的可爱迷你蛋包饭。
很适合制作成儿童餐，或是拿来做便当。

材料（9颗的分量）

白饭……………………100g
西红柿酱………………20g
鸡蛋……………………2个
盐………………………少许
装盘用西红柿酱………适量

备忘录

除了西红柿酱之外，也
试着用剩余的咖喱油糊
制作出咖喱风味，或者
利用酱油和柴鱼制作出
日式风味等，享受各种
不同的味道变化吧！

制作方法

① 将西红柿酱混入白饭中,分成9等份,并用保鲜膜搓成圆形。

② 把鸡蛋、盐放进碗里搅拌。

③ 在章鱼烧烤盘抹上较多的油(分量外),打开电源。

④ 章鱼烧烤盘变热之后,把步骤②的一半分量倒进9个孔里
　(A),放入步骤①的食材。

⑤ 把剩余的蛋液倒进剩余的孔中,并且把烤好的步骤④翻面。
　(B)

⑥ 关掉章鱼烧烤盘的电源,利用余热完成迷你蛋包饭。淋上西红
　柿酱后上桌。

✱小贴士

只要抹上较多的油,就可以制作出松软的口感。如果加热过度,外皮就会变硬,所以一旦烤好,就马上从盘里取出吧!

A ┃ 倒进蛋液之后,就可以把白饭放入。

B ┃ 使用2根竹签,把蛋包饭翻滚至只有蛋液的孔里。

传统章鱼烧的创意食谱

为您介绍，可以使用 P.6 传统章鱼烧制作的食谱。
吃剩的章鱼烧可以冷冻保存。
直接在冷冻状态下放进汤里烹煮，也会相当美味。

章鱼烧汤

章鱼烧的美味直接化成配料丰富的汤！
面皮吸收了汤汁，有着滑溜且醇厚的味道。

材料（2人份）

传统章鱼烧·····················6颗

洋葱·············1/2个（中，100g）

鸿禧菇·····················20g

干燥裙带菜·····················2g

盐·····················1/4小匙

酱油·····················1/2小匙

水·····················350ml

芝麻油·····················1小匙

制作方法

❶ 将洋葱切片。

❷ 将芝麻油放进锅里，加入步骤①的洋葱拌炒。洋葱变软后，加入剩余的所有材料，用中火烹煮2分钟。

下酒菜篇

无论是齐聚一堂的家庭聚会，或是一人独饮的夜晚。
用餐桌上的章鱼烧烤盘制作出高级且奢华的下酒菜。

Q弹啤酒核桃

不使用发酵粉。
运用麦芽略苦的味道，制作出成熟风味的甜点。

材料（18颗的分量）

啤酒	90ml
核桃	20g
低筋面粉	100g
盐	1/4小匙
橄榄油	10ml

制作方法

① 在碗里混合低筋面粉、盐。

② 把啤酒、橄榄油加入步骤①的碗里搅拌。

③ 把敲碎的核桃放进抹了油（分量外）的章鱼烧烤盘，倒入步骤②的面糊。

✳小贴士

啤酒的碳酸能够让面皮变得松软、Q弹。也可以使用发泡酒。

蒜味磨菇

西班牙酒吧的Tapas料理——蒜味磨菇。
完成之后，一口塞下，非常适合下酒！

材料（18颗的分量）

磨菇 ·················· 18朵
蒜头 ·················· 1/2瓣
香芹 ·················· 3g
盐 ··················· 1/5小匙
橄榄油··············· 3大匙

制作方法

❶ 去除磨菇的蒂头。

❷ 将蒜头、香芹切碎，和盐混合后，
　 塞进步骤①的磨菇里面。

❸ 把步骤②的磨菇放进章鱼烧烤盘，
　 淋上橄榄油，打开电源开关。

❹ 磨菇大约八成熟之后，关掉开关，
　 利用余热持续加热后即可品尝。

＊**小贴士**

也可以用切碎的鳀鱼或培根来代
替盐。油非常烫，吃的时候也要特
别注意。

35

山药丸

山药的清脆口感和梅干的酸味绝妙契合！
非常适合冰镇日本酒的日式下酒菜。

材料（18颗的分量）

山药 ························300g
青紫苏 ·······················3片
低筋面粉 ·············3大匙

〈蘸酱〉
梅干 ·······················1/2颗
酱油 ·················1/2小匙
水 ··························2小匙

备忘录

山药是含有食物纤维和
维他命等营养成分的健
康蔬菜。可促进消化、
呵护肠胃，所以非常适
合做下酒菜。

制作方法

❶ 将山药去皮，切成1cm宽的银杏块，放进塑料袋里。

❷ 将青紫苏切碎。

❸ 用擀面棍把步骤①的山药敲碎。（A）

❹ 把步骤②的青紫苏、低筋面粉放进步骤③的塑料袋里混合。

❺ 把步骤④的面糊倒进抹了油的章鱼烧烤盘里煎烤。（B）

❻ 梅干去除种子，用菜刀切碎，和酱油、水混合，制作成蘸酱。上桌后，将步骤⑤的章鱼烧搭配蘸酱一起食用。

*小贴士

使用黏性较强的山药时，即使没有加入低筋面粉也没有关系。

A 将山药保留些许颗粒程度，就可以留下口感，变得更加美味。

B 用剪刀剪开步骤④的塑料袋一角，把塑料袋里面的食材挤进章鱼烧烤盘里。

绿色丸子

运用绿色菠菜的鲜艳料理。
除了胡椒的辛辣口感之外，还有浓郁的干酪。

材料（18颗的分量）

菠菜 ⋯⋯ 1/4株（70g）
奶油干酪 ⋯⋯⋯⋯⋯⋯40g
低筋面粉 ⋯⋯⋯⋯⋯⋯40g
全麦面粉 ⋯⋯⋯⋯⋯⋯50g
发酵粉 ⋯⋯⋯⋯⋯⋯1小匙
盐 ⋯⋯⋯⋯⋯ 1/5小匙
粗粒胡椒 ⋯⋯⋯⋯⋯ 少许
水 ⋯⋯⋯⋯⋯⋯⋯90ml
油 ⋯⋯⋯⋯⋯⋯⋯2小匙

备忘录

菠菜所含的铁质，和干酪的蛋白质一起食用，就可以提高吸收率。如果用甜菜糖代替盐，就能让丸子变成甜点，变身成菠菜干酪松饼！

制作方法

❶ 将菠菜切成3cm长，汆烫后，沥干水分。

❷ 把步骤①的菠菜、盐、水、油放进搅拌器搅拌。（A）

❸ 把低筋面粉、全麦面粉、发酵粉放进碗里搅拌均匀。

❹ 把奶油干酪分成18等份，并撒上粗粒胡椒。

❺ 把步骤②和③的食材混合，放进抹了油（分量外）的章鱼烧烤盘，把步骤④的奶油干酪放进面糊的中央。（B）

❻ 把整个外表烤得酥脆。

小贴士

如果是做给小朋友吃的，只要不添加粗粒胡椒，就可以制作出温和的味道。如果使用冷冻的菠菜，可以节省更多时间。

A 把菠菜的水分充分沥干。

B 撒上粗粒胡椒的奶油干酪，要用手指推进面糊里面。

味噌锅

大家一起享受的派对餐点！
只要围着不同于奶酪锅的味噌锅，气氛就会更加热烈。

材料（18颗的分量）

个人喜爱的蔬菜、长棍面包	
………………………… 适量	
长葱…………… 1/3根（40g）	
蒜头………………… 1/3瓣	
太白粉………………… 1小匙	
味醂………………… 2小匙	
酱油………………… 1小匙	
味噌………………… 1大匙	
水………………… 150ml	

备忘录

味噌煎煮过后就会更添风味，香气在餐桌上扩散的同时，还能促进食欲。适合搭配各种蔬菜！也很适合下饭。

制作方法

❶ 把个人喜欢的蔬菜切成可以放进烤盘孔的大小（A），蒸熟备用。长棍面包也切成相同大小。

❷ 将长葱切碎，蒜头磨成泥，放进碗里。

❸ 把太白粉、味醂、酱油、味噌、水放进步骤②的碗里搅拌均匀。

❹ 把步骤③倒进章鱼烧烤盘里，沸腾的汤汁开始变得浓稠后（B），就可以夹起步骤①的食材，蘸着汤汁品尝。

＊小贴士
味噌蘸酱充分加热之后，关掉电源开关，用余热继续温热吧！

A 蔬菜可以使用当季食材，也可以使用个人喜欢的种类。只要切成符合烤盘孔的大小即可。

B 将蔬菜或长棍面包依序蘸着沸腾起泡的汤汁品尝。

香辣土豆

轻松享受热呼呼的辛辣下酒菜。
只要吃下一口就会想喝口啤酒的东南亚香辣薯球。

材料（18颗的分量）

土豆 ……2个（中，200g）
综合豆类 ………………120g
西红柿泥 ………………1大匙
辣椒粉 …………………2小匙
盐 ………………………1/3小匙

备忘录

综合豆类是指，由红菜豆、鹰嘴豆、青豌豆等多种水煮豆集合而成的商品。通常都是以罐装或干燥包装方式销售。

制作方法

❶ 将土豆切成一半，蒸煮。

❷ 把综合豆类放进碗里，用叉子粗略压碎。

❸ 把步骤①的土豆去皮，加入步骤②的碗里，一边压碎混合后（Ａ），再加入所有剩余的材料。

❹ 把步骤③的食材分成18等份后，搓成圆球状（Ｂ）。用抹了油（分量外）的章鱼烧烤盘把整体煎烤成焦色。

＊小贴士

辣椒粉由辣椒、牛至、蒜头、孜然等数种香辛料混合而成，只要利用这个调味料，就可以制作出香气浓郁的东南亚风味美食。

A 综合豆类和土豆要用叉子粗略压碎，再搅拌均匀。

B 利用保鲜膜捏出漂亮的圆球状。

萝卜糕

章鱼烧烤盘也可以轻松制作出饮茶的代表性料理。
这是一道融合了萝卜的天然甜味，味道深厚且营养丰富的餐点。

材料（18颗的分量）

萝卜多于1/3根（300g）
长葱⋯⋯⋯ 1/5根（20g）
樱花虾（干燥）⋯⋯⋯5g
低筋面粉 ⋯⋯⋯⋯⋯50g
白玉粉⋯⋯⋯⋯⋯⋯30g
盐 ⋯⋯⋯⋯⋯⋯⋯ 1小撮
醋酱油⋯⋯⋯⋯⋯⋯ 适量

制作方法

❶ 将萝卜磨成泥。

❷ 将长葱、樱花虾切碎。

❸ 把步骤①和②的食材、低筋面粉、白玉粉、盐，放进碗里搅拌均匀。

❹ 把步骤③的食材放进抹了油（分量外）的章鱼烧烤盘，把两面煎得酥脆之后，蘸醋酱油食用。

＊小贴士

樱花虾可以带壳吃，所以钙质相当丰富。除此之外，也是牛磺酸、DHA、铁质等营养丰富的食材。

迷你汉堡

做法简单，外观却十分华丽！
只要一台章鱼烧烤盘，就可以一次搞定汉堡面包和汉堡排。

＊小贴士

竹签刺进中心部位之后，如果竹签上面没有面糊粘黏，就代表面糊煎烤完成。在面包面糊里加点油，就能产生轻盈口感。

材料（12份）

低筋面粉 ……………… 100g
发酵粉 ……………… 1 小匙
橄榄油 ……………… 1 大匙
西红柿酱（含盐）… 100ml

〈汉堡排〉
牛绞肉 ……………… 120g
面包粉 ……………… 1 大匙
牛奶 ……………… 2 小匙
盐 ……………… 2 小撮
胡椒 ……………… 少许

干酪片 ……………… 1.5 片
莴苣 ……………… 1/2 片
西红柿酱 ……………… 适量
芥末酱 ……………… 适量

汉堡面包的制作方法

❶ 将低筋面粉和发酵粉过筛混合。

❷ 把橄榄油、西红柿酱加入步骤①里面混合。

❸ 在章鱼烧烤盘（12颗）上抹油（分量外），倒入步骤②的面糊，煎烤成汉堡面包。

❹ 放凉之后，对半切开。在下面的汉堡面包上涂抹西红柿酱、芥末酱。

❺ 依序放上撕成一口大小的莴苣、干酪、切成对半的汉堡排，最后放上上层的汉堡面包，刺上顶饰。

汉堡排的制作方法（6颗的量）

❶ 将面包粉和牛奶混合。

❷ 把牛绞肉、盐、胡椒放进碗里，搅拌至产生黏性后，加入步骤①的食材，进一步混合。

❸ 分成6等份后，搓成圆球状，用章鱼烧烤盘煎烤，放凉之后，对半切开。

炙热沙丁鱼

在烹煮到恰到好处的时刻，直接用筷子夹起来吃！
适合搭配白葡萄酒或日本酒，简单且时尚的下酒菜。

材料（18颗的分量）

油渍沙丁鱼	1罐
洋葱	1/2个（中，100g）
水菜	60g
蒜头	1/2瓣
酱油	1小匙
柠檬汁	1小匙

制作方法

❶ 将洋葱按垂直纤维的方向对半切开，再切成薄片。

❷ 将水菜切成2cm长。

❸ 用筷子将油渍沙丁鱼分成两半，放进章鱼烧烤盘，把步骤①的洋葱铺在上方，打开电源开关。

❹ 开始沸腾后，用竹签稍微搅拌。

❺ 洋葱变透明之后，铺上水菜，关掉电源。

❻ 搭配由蒜泥、酱油、柠檬汁混合而成的蘸酱一起食用。

小贴士

水菜是可以生吃的蔬菜，请加热至个人所喜欢的生熟程度。油渍沙丁鱼罐的油不需要加入。

香烤章鱼和水菜

柚子胡椒的清爽香气在嘴里扩散！
这是一道不同于一般章鱼烧，别具高雅风味的料理。

材料（18颗的分量）

材料	分量
章鱼	70g
水菜	20g
山药	100g
低筋面粉	60g
柚子胡椒	1/5小匙
盐	1小撮
酱油	1/2小匙
水	100ml
海苔	1/2片

制作方法

① 将章鱼分成18等份，放进碗里，和柚子胡椒、酱油混合。

② 将水菜切碎，山药去皮磨成泥。

③ 用另一个碗，混合步骤②的食材、低筋面粉、盐、水。

④ 将步骤③的面糊倒进抹了油（分量外）的章鱼烧烤盘，把步骤①的章鱼块塞进中央。

⑤ 整体呈现焦色之后装盘，撒上切成细丝的海苔。

❋小贴士

山药磨成泥之后，可以冷冻保存。只要把保存袋摊平冷冻，使用时，只要折断取出所需使用的分量即可。

茶泡饭派对

畅饮之后，希望再多吃一点的时候，善用个人喜欢的配料享受美味吧！

材料（18颗的分量）

白饭	3～4碗（400g）
海带	4cm
柴鱼片	10g
盐	1/4小匙
酱油	1小匙
水	2杯
配料（青葱、梅肉、红姜、芝麻粉）	适量

制作方法

❶ 将白饭淋入酱油拌匀，分成18等份，搓成圆球状，用章鱼烧烤盘煎烤出焦色。（A）

❷ 将水、海带放进锅里，放置30分钟之后，开火烹煮。

❸ 步骤②的高汤沸腾后，取出海带，放进柴鱼片，再次沸腾之后，关火。

❹ 用滤网过滤步骤③的高汤，加入盐。

❺ 把步骤①的白饭和个人喜欢的配料放进碗里，淋上高汤。

＊小贴士

只要利用家里的常备菜，就可轻松制作出的派对料理。因为食用之前会先淋上高汤，所以即使餐桌上的白饭有点风干也没有关系。

A

把搓成圆球状的酱油白饭，放进章鱼烧烤盘的各个孔里。

一口炒面

挑战究竟能够吃下多少！略带焦香口感的美味炒面。

材料（18颗的分量）

荞麦面（水煮）…………1包（160g）

胡萝卜………………………1/3根（60g）

香菇…………………………3朵（60g）

菠菜…………………………1/5株（50g）

凉面蘸酱………………………适量

制作方法

❶ 将胡萝卜、香菇切丝。

❷ 将菠菜切成4cm长。

❸ 把步骤①和②的食材放进蒸笼蒸煮。菠菜蒸好之后，泡一下冷水，把水挤掉。

❹ 把荞麦面搓成球状，放进抹了油（分量外）的章鱼烧烤盘中。打开电源，把表面煎烤成焦色（A）。

❺ 蘸着凉面蘸酱一起吃。

❋小贴士

荞麦面本身具有黏性，不需水洗直接放进烤盘中。抹茶荞麦面经过烹煮后，就能成为鲜艳绿色的一口炒面。

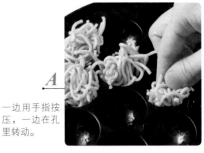

A

一边用手指按压，一边在孔里转动。

传统章鱼烧的创意食谱

为您介绍，可以使用P.6传统章鱼烧制作的食谱。
吃剩的章鱼烧也可以成为日式料理的配菜。
希望餐桌上再添一道料理时，这道料理将是不二之选。

茶巾煮

慢火炖煮塞满章鱼烧和蔬菜
的日式豆皮。
渗出充满甜味的高汤，享受
最正统的日式料理！

材料（2人份）

传统章鱼烧	4颗
日式豆皮	4片
干香菇	2朵
胡萝卜	1/6根（30g）
小松菜	30g
味醂	1大匙
酱油	1/2大匙

制作方法

❶ 把干香菇放在1杯（分量外）水里面
泡软，香菇水保留备用。

❷ 将步骤①的干香菇、胡萝卜切丝，小
松菜切成3cm长。

❸ 在日式豆皮的一边切出开口，剖开呈
袋状，塞入章鱼烧、步骤②的食材，
用牙签封住袋口。

❹ 把步骤①的香菇水、味醂加入锅里，
沸腾之后，放进步骤③的日式豆皮，
盖上锅盖，用小火烹煮2分钟。

❺ 加入酱油，继续用小火烹煮2分钟，
关火。

圆球状的可爱迷你尺寸！

面包篇

不需要使用烤面包机或烤箱，就可以品尝到松软面包。
利用个人喜欢的食材，加点巧思，制作出创意面包吧！

玉米面包

章鱼烧烤盘变身成烤面包机！
有着多汁弹牙美味玉米的一口面包。

材料（18颗的分量）

玉米	50g
高筋面粉	130g
干酵母	1/2小匙
甜菜糖	1/2小匙
盐	1/4小匙
温水	110ml
油	1小匙

制作方法

❶ 将高筋面粉、盐放进碗里搅拌均匀。

❷ 将干酵母、甜菜糖、油加进温水里搅拌均匀。

❸ 将步骤①和②、玉米混合，用铲勺搅拌50次。（A）

❹ 把步骤③的食材倒进抹了油（分量外）的章鱼烧烤盘里。

❺ 把铝箔纸覆盖在章鱼烧烤盘上面，打开开关，10秒后，关闭电源，直接放着发酵30分钟。（B）

❻ 再次打开开关，完成煎烤。

*小贴士

温水的温度如果太高，酵母菌就会死亡，所以要采用35℃以下的温水。另外，冬天等室温较低的时候，请把发酵时间延长至10分钟。

A 搅拌50次之后，就会变成这种状态。

B 面团发酵之后，就会逐渐膨胀。

胡萝卜面包

略带橘的颜色里，蕴含着天然的甜味和温和味道。

材料（18颗的分量）

胡萝卜…… 1/4根（50g）

高筋面粉 …………… 130g

干酵母 ………… 1/2小匙

甜菜糖………… 1/2小匙

盐 ………… 1/4小匙

温水 ………… 100ml

油 ………… 1小匙

制作方法

❶ 将高筋面粉、盐放进碗里搅拌均匀。

❷ 将萝卜泥、干酵母、甜菜糖、油加进温水里搅拌均匀。

❸ 把步骤①和②混合，用铲勺搅拌50次。

❹ 进行左页（玉米面包）的步骤④~⑥。

橄榄面包

可以看到黑橄榄的眼球！？有效利用盐味的咸味面包。

材料（18颗的分量）

橄榄 ………………… 30g

高筋面粉 …………… 130g

干酵母………… 1/2小匙

甜菜糖………… 1/2小匙

盐………… 1/4小匙

温水 …………110ml

橄榄油……………… 1小匙

完成用的橄榄油 …… 1小匙

制作方法

❶ 将高筋面粉、盐放进碗里搅拌均匀。

❷ 将干酵母、甜菜糖、1小匙的橄榄油加进温水里搅拌均匀。

❸ 把步骤①和②混合，用铲勺搅拌50次。

❹ 把步骤③的食材倒进抹了油（分量外）的章鱼烧烤盘，把切片的橄榄装饰在上方后，进行左页（玉米面包）的步骤⑤。淋上完成用的橄榄油，煎烤完成。

吐司充分吸收水分后，加入低筋面粉搅拌。

无蛋法国吐司

由于不使用鸡蛋，对鸡蛋过敏的人也能安心食用。
享受松软、湿润的口感。

材料（18颗的分量）

吐司……………………… 1.5片
白饭……………………… 40g
胡萝卜……… 1/5根（40g）
豆浆…………………… 120ml
低筋面粉………………… 1大匙
甜菜糖…………………… 1大匙
枫糖浆……………………… 适量

制作方法

❶ 将吐司切成 1cm 丁块状，放进碗里。

❷ 将白饭、胡萝卜、豆浆、甜菜糖，放进搅拌机里搅拌均匀。

❸ 把步骤②的食材加入步骤①的吐司丁里搅拌，吐司吸收水分后，加入低筋面粉，进一步搅拌。（A）

❹ 把步骤③的食材倒进抹了油（分量外）的章鱼烧烤盘，表面煎烤至焦色。

❺ 装盘，依个人喜好，淋上枫糖浆。

◄※小贴士

原味豆浆是大豆直接压榨而成的豆浆，加工豆浆则是为了调味而加了糖、油、盐等调味料的豆浆。本书使用的是原味豆浆。

杯型三明治

最适合野餐或派对!
适合抓着吃的可爱三明治。

材料（18颗的分量）

三明治用面包 ·······················4.5片
个人喜爱的家常菜或蔬菜（南瓜色
拉、小番茄、西兰花等）········适量

制作方法

❶ 将三明治用面包以十字方式切成4
等份。

❷ 把面包逐片放进章鱼烧烤盘中，
用擀面棍按压。（A）

❸ 打开开关，烤出焦色后，取出。
（B）

❹ 把个人喜爱的家常菜或蔬菜装填
在步骤❸的面包里面。

＊小贴士
如果擀面棍的按压力道太大，三明
治底部的面包就会变薄，所以要多
加注意。只要稍微轻压，就能够直
接煎烤出所需要的形状。

A. 用擀面棍按压面包，制作出
杯型。

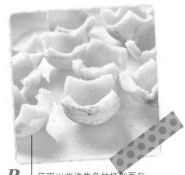

B. 呈现出些许焦色的杯型面包。

圆滚滚甜甜圈

一起用章鱼烧烤盘狂欢吧！配菜就使用
胡萝卜、南瓜、西兰花等个人喜欢的蔬菜。

材料（18颗的分量）

低筋面粉	100g
发酵粉	1 小匙
甜菜糖	2 大匙
芝麻粉	1 大匙
水	120ml
油	1 大匙
胡萝卜、南瓜、西兰花等蔬菜	60g

〈巧克力酱〉

豆浆	100ml
可可	1.5 大匙
甜菜糖	3 大匙
上新粉	1 小匙

制作方法

❶ 将蔬菜切成可放进章鱼烧烤盘的
大小，蒸煮至蔬菜变软为止。

❷ 将低筋面包、发酵粉、甜菜糖、
芝麻粉混合搅拌。

❸ 把水、油放进步骤②的食材里搅
拌成面糊，倒进章鱼烧烤盘里
面，把步骤①的蒸煮蔬菜放进中
央，完成煎烤。（Ａ）

巧克力锅的制作方法

❶ 把巧克力酱的所有材料放进锅里
搅拌，用小火烹煮。

❷ 酱汁变得浓稠之后，搅拌30秒，
关火。

放进面糊后，马上把蔬菜放
进去。

B 因为不知道内馅是什么，所以
更能享受乐趣。

一口塞进各国美味！

世界的
章鱼烧篇

加入七个国家最自豪的味道，
全球各地的章鱼烧都聚集在此。
找寻自己中意的国家，
开启章鱼烧的世界之旅吧！

阿根廷
南美肉饺

印度
豌豆咖哩

越南
章鱼香菜

中国
猪肉笋干

墨西哥
莎莎球

英国
蟾蜍在洞

意大利
意式罗勒

China

中国

猪肉笋干

包裹着多汁叉烧肉的中华风丸子。

材料（18颗的分量）

叉烧肉……………………70g
笋干………………………40g
鸡蛋………………………1个
低筋面粉…………………60g
酱油……………………1/2小匙
水…………………………1杯

制作方法

❶ 将叉烧肉切成18等份，笋干切碎。

❷ 把低筋面粉放进碗里，鸡蛋、酱油和水加以混合，慢慢加入。

❸ 把步骤②的面糊倒进抹了油（分量外）的章鱼烧烤盘，加入步骤①的叉烧肉和笋干。

❹ 面糊煎烤完成后，翻面，把整体烤成焦色。

❋小贴士

笋干要使用腌渍好的种类。

India

印度

豌豆咖哩

利用薯条和豌豆制作出咖哩风味的松软丸子。

材料（18颗的分量）

冷冻薯条 …………………70g
冷冻豌豆 …………………60g
西红柿泥 ………………2小匙
面包粉……………………20g
低筋面粉…………………25g
咖哩粉……………………1小匙
盐………………………1/4小匙
水………………………80ml

制作方法

❶ 将冷冻薯条恢复至能够用菜刀切断的常温之后，切成1cm长。

❷ 把面包粉、低筋面粉、咖哩粉、盐放进碗里搅拌均匀。

❸ 把步骤①的薯条、解冻的豌豆、西红柿泥、水，加进步骤②的食材里搅拌成面糊。

❹ 把步骤③的食材倒进抹了油（分量外）的章鱼烧烤盘，完成煎烤。

❋小贴士

西红柿泥是西红柿炖煮后，经过滤、浓缩而成。只要少量，就可以增添西红柿的甜味。

Italy

意大利

意式罗勒

让人联想到披萨或意大利面的罗勒＋西红柿＋干酪是绝品。

材料（18颗的分量）

章鱼 ………………………70g
洋葱… 1/4颗（中，50g）
罗勒酱 …………………1/2大匙
低筋面粉…………………70g
水…………………………1杯
西红柿泥…………………1大匙
干酪粉……………………适量

制作方法

❶ 将章鱼分成18等份。

❷ 洋葱切碎。

❸ 把罗勒酱、低筋面粉、水，放进碗里搅拌。

❹ 把步骤③的面糊倒进抹了油（分量外）的章鱼烧烤盘，放进步骤①和②的食材，完成煎烤。

❺ 装饰上西红柿泥和干酪粉。

❋小贴士

如果没有罗勒酱，也可以采用切碎的罗勒。

Vietnam

越南

章鱼香菜

加入米粉&香菜等传统越南料理，完成香气十足的章鱼烧。

材料（18颗的分量）

章鱼 ………………………80g
香菜 ………………………10g
鸡蛋 ………………………1个
米粉 ………………………50g
水 ………………………20ml
〈蘸酱〉
胡萝卜…… 1/6根（30g）
蒜头 ……………………1/3瓣
辣椒 ……………………1/2根
蜂蜜 ……………………1/2小匙
盐 ………………………1/5小匙
酱油 ……………………1/2小匙
水 ………………………2大匙

制作方法

❶ 把鸡蛋、水放进碗里搅拌均匀，加入米粉、切碎的香菜。

❷ 胡萝卜切丝，和盐加以混合。

❸ 把蒜泥、切片的辣椒、蜂蜜、酱油、水放进另一个碗里搅拌均匀，加入步骤②的胡萝卜。

❹ 把步骤①的面糊倒进抹了油（分量外）的章鱼烧烤盘，再将切成18等份的章鱼块放进去。

❺ 完成之后，与步骤③的蘸酱一起上桌。

❋小贴士

只要包上红莴苣等蔬菜食用，就可以摄取更多蔬菜营养。

England

英国

蟾蜍在洞

英国经典料理。

材料（18颗的分量）

香肠······························4根
洋葱·············1/6颗（中，30g）
磨菇······························4朵
鸡蛋······························1个
豆浆·······················100ml
低筋面粉·····················50g
盐······························1撮
胡椒······························少许

制作方法

❶ 将香肠切碎。

❷ 将洋葱、磨菇切碎。

❸ 把步骤①和②的食材放进碗里，撒上盐、胡椒。

❹ 把步骤③的食材放进抹了油（分量外）的章鱼烧烤盘，洋葱炒软后，关闭电源。

❺ 鸡蛋、豆浆、低筋面粉混合后，倒进步骤④，用竹签大力搅拌面糊和配菜使其充分混合，再次开启开关。（A）

❻ 凝固之后，翻面，把整体烤成焦色。

A 用竹签搅拌，让面糊和配菜混合均匀。

小贴士
原本应该是使用烤箱烘烤的料理，使用章鱼烧烤盘，可以缩短时间。很适合当成早餐的餐点。

Argentina

阿根廷

南美肉饺

包裹上大量配菜的香辣丸子。

材料（18颗的分量）

牛绞肉······························70g
洋葱·······1/2个（中，100g）
青椒·················1个（30g）
西红柿···········1个（100g）
孜然粉·····················1小匙
辣椒粉·····················1小匙
盐·······················1/3小匙
低筋面粉·····················100g
油·······················1大匙
水·······················50ml

制作方法

❶ 将洋葱、青椒切碎，西红柿切成1cm丁块状。

❷ 把牛绞肉放进抹了油（分量外）的平底锅里，开火烹煮，绞肉变色之后，加入步骤①的食材、孜然粉、辣椒粉、盐，用中火拌炒4分钟。

❸ 把低筋面粉、油放进碗里，用筷子搅拌，粉和油充分混合后，用指尖进一步搓揉混合。（A）

❹ 把水加进步骤③的碗里，用筷子搅拌混合。

❺ 用步骤④的面团包裹步骤②的食材，用抹了油（分量外）的章鱼烧烤盘完成调理。

A 低筋面粉和油充分混合后，用指尖进一步搓揉混合。

小贴士
加水搓揉之后，面团会变硬。用筷子搅拌的时候，要注意不要让面团变硬。

Mexico

墨西哥

莎莎球

加了莴苣的清爽章鱼烧，淋上特制的莎莎酱。

材料（18颗的分量）

章鱼······························70g
莴苣·············1.5片（50g）
碎玉米······························70g
低筋面粉·····················45g
发酵粉·····················1小匙
盐·······················1小撮
水·······················120ml

〈莎莎酱〉
西红柿·············1个（100g）
洋葱·······1/8个（中，25g）
青椒·················1个（30g）
柠檬汁·····················1小匙
盐·······················1/4小匙
胡椒······························少许

制作方法

❶ 将碎玉米、低筋面粉、发酵粉、盐，放进碗里搅拌均匀。

❷ 将莴苣切成碎末，和步骤①、水一起混合。

❸ 西红柿去除种子，切成1cm丁块状，洋葱、青椒切成碎末。

❹ 把步骤③的食材、柠檬汁、盐、胡椒混合。

❺ 把步骤②的面糊倒进抹了油（分量外）的章鱼烧烤盘，将切成18等份的章鱼块放进中央。

❻ 表面呈现酥脆之后，装盘，连同步骤④的莎莎酱一起上桌。

小贴士
所谓的碎玉米是把玉米磨碎的细碎玉米。玉米独特的甜味和香气在嘴里扩散。

感受章鱼烧烤盘的魅力

章鱼烧烤盘不仅能做出章鱼烧，更是可以享受各种料理的万能调理器。
为您介绍，唯有章鱼烧烤盘才能享受的美味和优点。

 一起享受料理的交流工具

"煎好了吗？"、"翻面的技巧真好呀！"。只要大家一起围着章鱼烧烤盘进行调理，自然就会在餐桌上打开话匣子。不是某个人在厨房独自作业，而是大家一边聊天，一边进行烹调，彼此的情感也会因此变得更加深厚。

 容易熟透，可缩短调理时间

章鱼烧烤盘的孔比较小，同时，容易把热度传达给食材。所以仅需要短时间就可以完成调理。而且，电源开启后，烤盘的加热时间快速，也是章鱼烧烤盘的优点之一。

 圆形的可爱形状，一口刚刚好

可以一次烤出大量小巧圆形的小菜或是甜点。即便是相同的料理，只要用章鱼烧烤盘制作出圆球形状，就能赢得"可爱！"的讨喜赞美。享受可以一口吃下的迷你小巧美味吧！

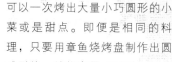

 不论小孩或老人都可以使用

因为是无火调理，所以从小孩到老人，不论是任何人都可以简单使用。对小孩来说，或许也是能够让孩子体验料理乐趣的契机。但是，烤盘的热度极高，所以要注意避免烫伤。

 轻巧、迷你，保养也相当轻松

章鱼烧烤盘相当轻巧且迷你，所以也可以带去朋友家开派对。另外，保养方法也相当简单，只要用沾湿的抹布或厨房纸巾擦拭，就能搞定，不需要用水。可轻松保养也是魅力之一。

适合抓着吃的简单甜点！

甜点篇

蛋糕、丸子、水羊羹……只要大家围着章鱼烧烤盘一起烹调，
等待烹煮完成的时间，肯定能够成为美妙的下午茶时光！

※含糖的面团容易焦黑，所以制作
甜点的关键是巧妙切换电源开关。

小巧蜂蜜蛋糕

在餐桌上享受怀旧的风味小吃！
热呼呼的当然不用说，冷食也同样美味。

材料（18颗的分量）

鸡蛋	1个
豆浆	40ml
低筋面粉	100g
发酵粉	1小匙
蜂蜜	1/2大匙
甜菜糖	2大匙

备忘录

加入豆浆就能制作出松软口感。豆浆含有优质蛋白质、维他命、必需氨基酸等，为身体带来活力的丰富营养。除了健康，也具有良好的美容效果。

制作方法

❶ 将低筋面粉、发酵粉放进碗里搅拌。

❷ 将鸡蛋放进另一个碗里打散，加入豆浆、蜂蜜、甜菜糖搅拌均匀。

❸ 将步骤①的粉加入步骤②的碗里，充分搅拌。

❹ 将步骤③的面糊倒进抹了油（分量外）的章鱼烧烤盘，开启电源。

❺ 面团膨胀，呈现焦色之后（A），关掉开关，把所有丸子翻面。（B）

❻ 直接利用余热完成煎烤。

❋**小贴士**

使用章鱼烧烤盘烤好的蛋糕，只要在稍微放凉之后，装进袋子里保存，就会产生松软口感。

A 面团膨胀，且呈现焦色的状态。

B 关掉电源开关之后，把所有丸子翻面。

章鱼丸蛋糕

巧克力和香蕉的绝妙组合！
享受外观貌似章鱼烧的创意蛋糕。

材料（18颗的分量）

香蕉	1小根（100g）
巧克力	50g
低筋面粉	90g
发酵粉	1小匙
甜菜糖	1/2大匙
水	80ml
油	2小匙
海苔	适量

备忘录

建议将香蕉悬挂在常温下保存。青绿且坚硬的香蕉在常温下熟成，就能更香甜。进一步烹调后，甜味更加倍！

制作方法

❶ 将香蕉切成18等份。

❷ 将低筋面粉、发酵粉放进碗里搅拌均匀。

❸ 将甜菜糖、水、油放进另一个碗里搅拌均匀。

❹ 将步骤②和步骤③的食材混合在一起，把2/3的面糊倒进抹了油（分量外）的章鱼烧烤盘。

❺ 放入步骤①的香蕉，把剩余的面糊倒在香蕉上面，开启电源开关。（A）

❻ 巧克力切碎，隔水加热溶解，在步骤⑤烤好的蛋糕上面蘸上巧克力（B），撒上海苔装饰。

小贴士

香蕉内馅的小蛋糕，表面蘸上巧克力后，呈现出宛如章鱼烧般的外观。

A 在倒进面糊的孔里，放进切片的香蕉。

B 将隔水加热融化的巧克力，蘸在章鱼烧蛋糕的表面。

芝麻丸子

塞入大量的甘甜内馅，
再包裹上芝麻香气的日式甜点。

材料（18颗的分量）

红豆沙…………160g

白玉粉…………150g

水……………150ml

白芝麻…………30g

黑芝麻…………30g

制作方法

❶ 将红豆沙分成18等份，搓成圆球状。

❷ 将白玉粉、水放进碗里搅拌，分成18等份。

❸ 用步骤②的面团包裹步骤①的内馅，并蘸满芝麻。（A）

❹ 将步骤③的丸子放进抹了油（分量外）的章鱼烧烤盘，完成调理。

A 用滚动的方式蘸满芝麻。

※小贴士

白玉粉是糯米加工而成的粉末。在没有芝麻的情况下直接煎烤，就成了麻糬。

材料（18颗的分量）

上新粉	100g
杏仁粉	80g
抹茶	2小匙
甜菜糖	3大匙
水	3大匙
油	2大匙
太白粉	适量

制作方法

❶ 将上新粉、杏仁粉、抹茶、甜菜糖放进碗里搅拌均匀。

❷ 把油加进步骤①的碗里，让所有食材与油充分混合。

❸ 把水加进步骤②的碗里搅拌。

❹ 分成18等份后搓成圆球状，放进抹了油（分量外）的章鱼烧烤盘，一边滚动煎烤2分钟，关掉电源，用余热加热3分钟，再次开启电源加热2分钟，关掉电源后，再次重复3分钟的加热动作即可。

❺ 煎烤完成后，撒上太白粉。

★小贴士
这个食谱最后用太白粉代替了糖粉。糖粉开封后，容易因湿气而凝结，所以少量使用时，也可以使用太白粉。

抹茶雪球

用米粉制作的酥脆蛋糕。
甜度适中，略带苦味的成熟风味甜点。

苹果塔

不需要烤箱的法式甜点，
塞满香甜苹果内馅的迷你塔。

材料（18颗的分量）

苹果	1/4个（75g）
低筋面粉	80g
发酵粉	2/3小匙
蜂蜜	1/2大匙
甜菜糖	2大匙
水	70ml
油	1大匙

备忘录

苹果煎烤过后，酸味会消失，甜味会增加。另外，也会提高苹果所含的食物纤维果胶、苹果多酚的体内吸收率。

制作方法

❶ 将苹果去皮，切成5mm丁块状。

❷ 将低筋面粉、发酵粉放进碗里搅拌均匀。

❸ 将蜂蜜、水、油放进另一个碗里搅拌均匀。

❹ 将甜菜糖、2/3小匙的水（分量外）混合，放进抹了油（分量外）的章鱼烧烤盘。（A）

❺ 甜菜糖融化，开始沸腾起泡后（B），把步骤①的苹果放入。

❻ 把步骤②和③的食材混合，倒在苹果上面。

❼ 1分钟后，关掉电源开关，翻面后，利用余热完成苹果塔。

✱小贴士

甜菜糖即将烤焦时，要迅速关掉电源。若已烤焦，要趁章鱼烤烧烤盘还温热时，在烤盘孔里加一点水，就可以轻松取出。

A 把甜菜糖和水混合之后，就会呈现块状。

B 甜菜糖融化，开始沸腾起泡后，将苹果放进去。

铲式水果蛋糕

把小巧蜂蜜蛋糕变化得更加豪华！
添加大量的豆腐制健康奶油和当季水果。

材料（18颗的分量）

小巧蜂蜜蛋糕 ………… 18个
狝猴桃 ………………… 1个
橘子 …………………… 1个
草莓 …………………… 8颗
嫩豆腐 ………………… 200g
甜菜糖 ………………… 1大匙
水 ……………………… 100ml
朗姆酒 ………………… 1小匙

备忘录

完全不使用牛奶或鲜奶油等乳制品，使用豆腐制成的健康甜点。因为含有丰富的水果，所以也非常适合养颜美容或想减肥的人。

制作方法

❶ 将小巧蜂蜜蛋糕（制作方法参考P.64）切成3等份。（A）

❷ 猕猴桃切成银杏块；橘子去皮，切成一口大小；草莓切成6等份的梳形。

❸ 将嫩豆腐、1大匙的甜菜糖（分量外）、朗姆酒放进搅拌器搅拌。

❹ 把甜菜糖、水放进锅里烹煮，甜菜糖融化后关火，放凉备用。

❺ 把步骤①一半分量的小巧蜂蜜蛋糕放进蛋糕模型里，用刷子抹上步骤④一半分量的糖浆，再依序放上步骤③一半分量（B）的豆腐奶油、步骤②一半分量的水果。

❻ 以同样的方式，依序放上小巧蜂蜜蛋糕、步骤④的糖浆、步骤③的豆腐奶油、步骤②的水果。

＊小贴士

可以根据个人喜好加入大量时令水果。

A ┃ 将小巧蜂蜜蛋糕切成3等份。

B ┃ 在小巧蜂蜜蛋糕的上面涂抹豆腐奶油。

柠檬茶蛋糕

一边滚动烘烤，一边享受午后的下午茶时光。
飘散出清爽柠檬香的红茶小蛋糕。

材料（18颗的分量）

红茶茶叶 …………………2g
柠檬皮…… 1/2颗的分量
柠檬汁 …………………1小匙
低筋面粉 …………100g
发酵粉 …………………1小匙
甜菜糖 …………………2大匙
水 …………………80ml
油 …………………2小匙

制作方法

① 将红茶茶叶、低筋面粉、发酵粉放进碗里搅拌均匀。

② 将柠檬皮磨成泥。

③ 将步骤②的柠檬皮、柠檬汁、甜菜糖、水、油，放进另一个碗里搅拌均匀。

④ 将步骤①和③的食材混合在一起。

⑤ 把步骤④的面糊倒进抹了油（分量外）的章鱼烧烤盘，开启电源开关。

⑥ 烤出略淡的焦色后，翻面，柠檬茶蛋糕完成。

✲小贴士

茶包里面的茶叶会切碎，可以直接使用。

香香可可

略苦的可可，加上枫糖浆的甜味。
利用姜提味，制作出绝妙口感的甜点。

材料（18颗的分量）

姜	5g
可可（无糖）	35g
低筋面粉	60g
发酵粉	1/2小匙
枫糖浆	50ml
水	80ml
油	1大匙
完成用的可可（无糖）	适量

制作方法

❶ 将姜磨成泥。

❷ 将可可、低筋面粉、发酵粉放进碗里搅拌均匀。

❸ 将步骤①、枫糖浆、水、油放进另一个碗里搅拌。

❹ 将步骤②和③的食材混合在一起。

❺ 将步骤④的面糊倒进抹了油（分量外）的章鱼烧烤盘，开启电源开关。等面糊可以翻面后，关掉电源，用余热完成香可可。

❻ 稍微放凉后，涂抹上可可。

❋小贴士

姜充分清洗干净，把水分擦干后，可直接冷冻。姜可以在冷冻状态下直接磨成泥，相当方便。可可如果涂抹太多，味道就会变苦，所以要多加注意。

南瓜水羊羹

冰凉的和菓子也能够轻松挑战！
利用南瓜的原始甜味制作出清爽、滑溜的半圆形水羊羹。

材料（18颗的分量）

冷冻南瓜 ……………	200g
小豆甘纳豆 …………	60g
洋菜粉 ………………	1小匙
甜菜糖 ………………	2大匙
水 …………………	160ml

备忘录

明胶在常温下不容易凝固，但是，洋菜粉在常温下则会马上凝固，含有丰富的食物纤维。因为可促进肠胃蠕动，所以对美容和健康非常有利！

制作方法

❶ 将冷冻南瓜解冻去皮。

❷ 将步骤①的冷冻南瓜、洋菜粉、甜菜糖、水，放进搅拌器搅拌均匀。

❸ 将步骤②的食材倒进章鱼烧烤盘，开启电源开关。

❹ 沸腾之后，偶尔用竹签搅拌一下，烹煮3分钟。

❺ 关掉开关，把小豆甘纳豆放进中央（A），直接静置约40分钟。

❻ 表面凝固后，从章鱼烧烤盘中取出（B），放进冰箱冷藏。

＊小贴士
液体的颜色会随着烹煮而逐渐变深。

A 用汤匙把小豆甘纳豆放进中央。

B 表面凝固后，只要用手指按压，就可以轻松取出。

日本烘焙名师熊谷裕子作品系列

·熊谷裕子的甜点教室·
磅蛋糕

·熊谷裕子的甜点教室·
绵密顺口
奶油霜蛋糕

精致与细腻，
美味与美貌并存的
甜点派对！

·熊谷裕子的甜点教室·
口感极致追求
The texture of the best mouthfeel dessert

·熊谷裕子的甜点教室·
橱窗档次甜点
The beauty of the dessert

·熊谷裕子的甜点教室·
不失败完美比例
马卡龙
The perfect macaron recipe

·熊谷裕子的甜点教室·
水果蛋糕的
美味秘诀
The fruit cake delicious recipe

·熊谷裕子的甜点教室·
法式小甜点
在家出炉
The French dessert delicious recipe

不失败完美质感
巧克力
Sweet chocolate

明星厨师暖男MASA作品系列

充满幸福的点心时间，自得其乐的一人餐，做饭其实很有趣、很好玩！

随身小厨房作品系列

上班族、小资女的不二之选，贴心的健康良友！

图书在版编目（CIP）数据

玩丸章鱼烧 /（日）片山千惠著；罗淑慧译. -- 北京：光明日报出版社，2016.7
ISBN 978-7-5194-0866-4

Ⅰ.①玩… Ⅱ.①片… ②罗… Ⅲ.①食谱 Ⅳ.
①TS972.12
中国版本图书馆CIP数据核字(2016)第120806号

著作权合同登记号：图字01-2016-4035

Takoyakide dekiru!chokantan bikkuri idea recipe
© Katayama Chie & Shufunotomo Infos Johosha Co., LTD.2015
Originally published in Japan by Shufunotomo Infos Johosha Co.,Ltd.
Translation rights arranged with Shufunotomo Co., Ltd.
Through DAIKOUSHA INC.,Kawagoe

玩丸章鱼烧

著　　者：[日]片山千惠		译　　者：罗淑慧	

责任编辑：李　娟		策　　划：多采文化	
责任校对：杨晓敏		装帧设计：水长流文化	
责任印制：曹　净			

出 版 方：光明日报出版社
地　　址：北京市东城区珠市口东大街5号，100062
电　　话：010-67022197（咨询）　　传　　真：010-67078227，67078255
网　　址：http://book.gmw.cn
E - m a i l：gmcbs@gmw.cn　lijuan@gmw.cn
法律顾问：北京德恒律师事务所龚柳方律师

发 行 方：新经典发行有限公司
电　　话：010-62026811　　E-mail：duocaiwenhua2014@163.com

印　　刷：北京艺堂印刷有限公司
本书如有破损、缺页、装订错误，请与本社联系调换

开　　本：787×1080　1/16
字　　数：80千字　　　　　　　印　　张：5
版　　次：2016年8月第1版　　印　　次：2016年8月第1次印刷
书　　号：ISBN 978-7-5194-0866-4

定　　价：38.00元